MOX（混合酸化物）燃料製造　　➡　高速炉／高速増殖炉
・原型炉「もんじゅ」事故 1995年12月
・もんじゅ廃炉決定 2016年12月

プルトニウム

プルサーマル（MOX 燃料を原発に使用）
・現在 4 基稼働
・2030 年度までに12 基での
　使用計画あるが困難

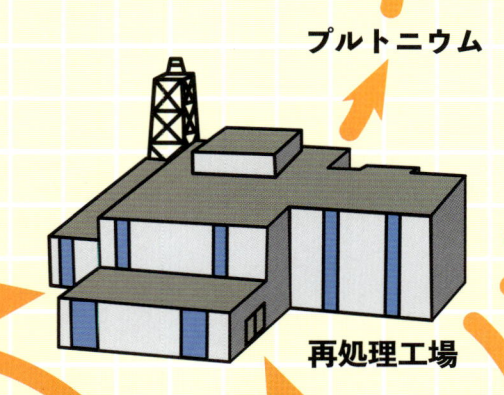

再処理工場

回収ウラン
具体的な利用計画なし

再処理しない場合は
そのまま廃棄物になる
（アメリカ、スウェーデン、
フィンランドなど）

六ケ所再処理工場
・1993 年建設開始
・27 回も工事を延期し
　いまだ完成せず
　（2025 年3 月現在）

高レベル放射性廃液

中間貯蔵
・青森県むつ市で操業開始
　2024 年11月

溶かしたガラスと混ぜて
金属容器（キャニスター）に
入れて固める

直接処分
・日本ではすべて再処理する
　予定のため今のところ
　実施予定なし

長寿命低発熱
放射性廃棄物
（TRU 廃棄物）

放射線　　　　　熱
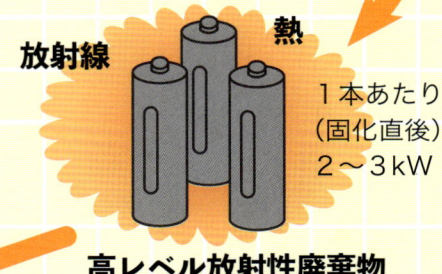
1本あたり
（固化直後）
2〜3kW

高レベル放射性廃棄物
（ガラス固化体）

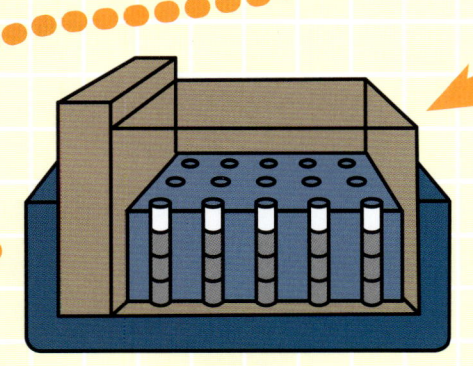

貯蔵施設
30〜50 年間保管

長期保管

ガラス固化体一本あたりの放射能の強さ

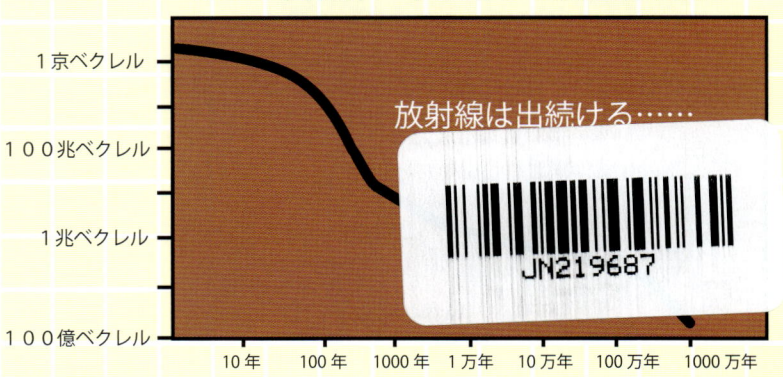

放射線は出続ける……

1京ベクレル	
100兆ベクレル	
1兆ベクレル	
100億ベクレル	

10 年　100 年　1000 年　1 万年　10 万年　100 万年　1000 万年

国は高レベル放射性廃棄物を地下深くに埋め捨てる「地層処分」
を推進しています。でも本当にうまくいくのでしょうか？

＊『埋め捨てにしていいの？原発のゴミ』地層処分問題研究グループ／原子力資料情報室（2015）を元に作成

地下に埋めても安全なの？

製造直後のガラス固化体に人間が近づくと、20秒で死に至るほど強い放射線を放ちます。自然界のウラン鉱石の放射能レベルに戻るには、10万年以上かかります。人工バリア（金属容器に入れ粘土で包む）と天然バリア（地下環境による放射性物質の閉じ込め機能）を組み合わせた地層処分で本当に大丈夫なのでしょうか？

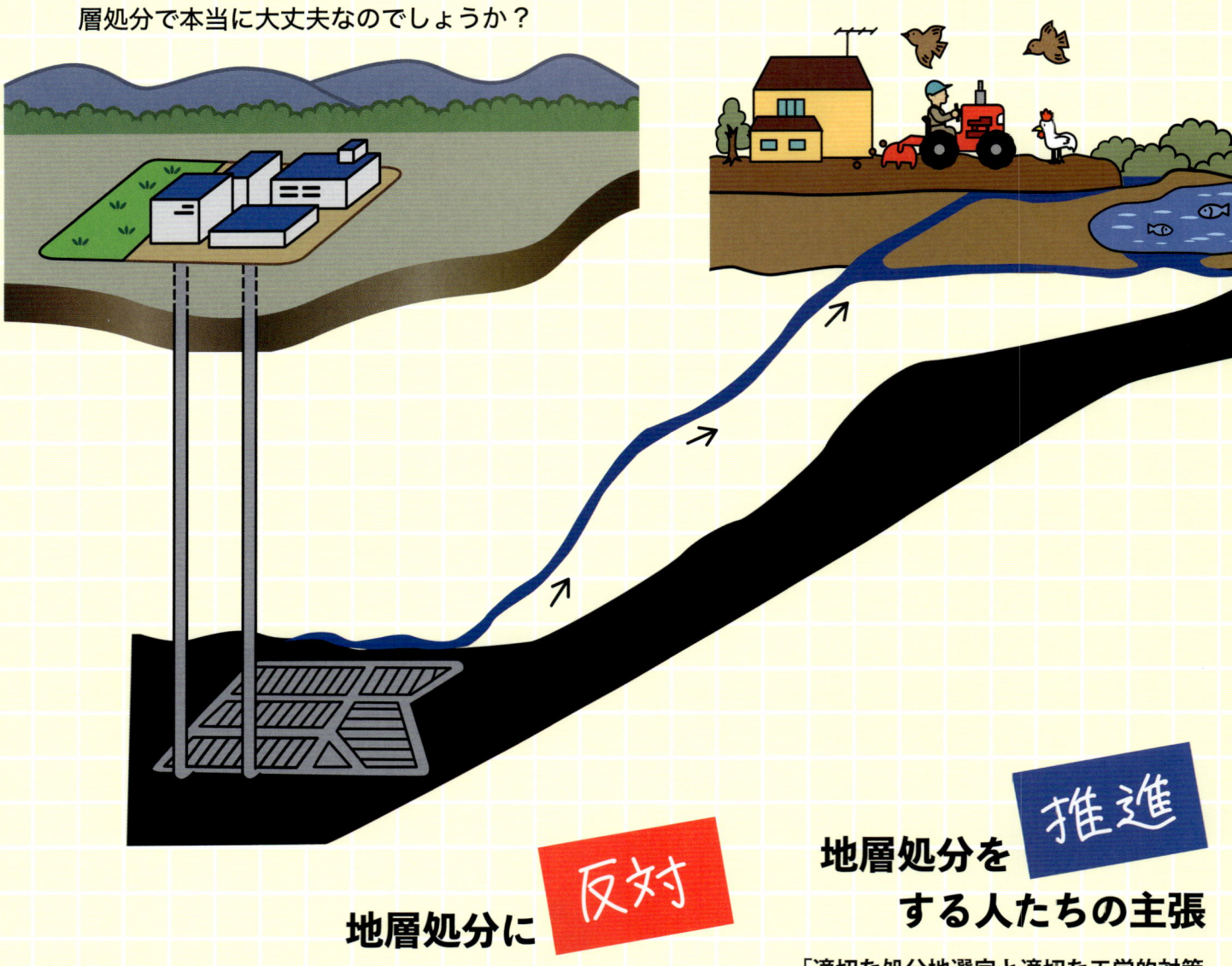

地層処分に 反対 する人たちの主張

- ●活断層が確認されていないところでも、しばしば大きな地震が発生している

- ●一般的には地下水の流れは遅いが、周辺の地質条件の変化でいかようにも流動・流速に変化が生じる

- ●人工バリアの安全性は実験段階であり、日本の地質条件で安全に機能し続けることは誰も保証できない

- ●人工バリアに亀裂が発生し、周囲の岩盤の無数の割れ目や断層に沿って地下水とともに放射性物質が漏れ出すことは不可避

2023年10月、地学研究者ら300人余りの声明「世界最大級の変動帯の日本に、地層処分の適地はない」の内容

地層処分を 推進 する人たちの主張

「適切な処分地選定と適切な工学的対策を施せば安全は保たれる」

- ●適切な処分地選定とは
  活断層や火山を避ける
  地下水の流れの遅い所を選ぶなど

- ●適切な工学的対策とは
  人工バリア
  ・金属容器（オーバーパック）は
  　1000年は腐食に耐える
  ・粘土（ベントナイト）は
  　放射性物質の漏れを抑える
  天然バリア
  ・岩盤が放射性物質の動きを遅くする

知っていましたか？
問題だらけの「原発のゴミ」

原発を運転することにより使用済み核燃料が生まれます。日本ではここからプルトニウムを取り出して、燃料に加工する「再処理」を行う計画です。その過程で出てくる高レベル放射性廃液をガラスで固めた「ガラス固化体」が高レベル放射性廃棄物です。

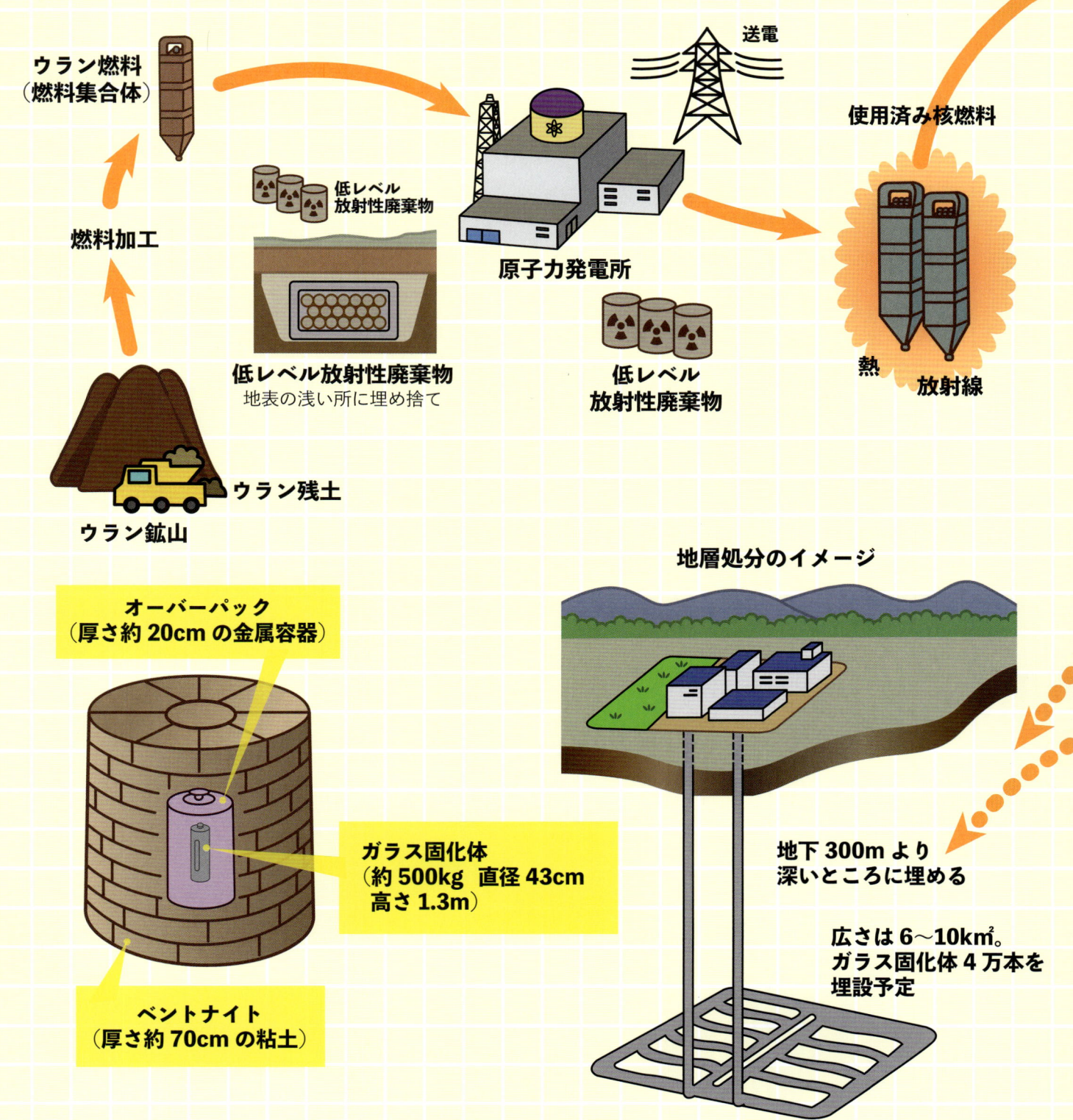

ウラン燃料
（燃料集合体）

燃料加工

ウラン残土

ウラン鉱山

低レベル
放射性廃棄物

低レベル放射性廃棄物
地表の浅い所に埋め捨て

送電

原子力発電所

低レベル
放射性廃棄物

使用済み核燃料

熱　　放射線

オーバーパック
（厚さ約20cmの金属容器）

ガラス固化体
（約500kg　直径43cm
高さ1.3m）

ベントナイト
（厚さ約70cmの粘土）

地層処分のイメージ

地下300mより
深いところに埋める

広さは6〜10km²。
ガラス固化体4万本を
埋設予定

みんなで知ろう 原発のゴミ

私たちが果たすべき本当の責任

「安全を確信できない」理由

●本当に適切な処分地が選べるか？　●現在の科学では将来の予測は不確実

たとえば、こんなことが…

大地震で処分場が破壊される

●粘土層が破損する。
●金属容器が破損する。
●ガラス固化体が破損する。

たとえば、こんなことが…

「人工バリア」が期待どおりに働かない

●金属容器がさびて孔があく。
●粘土が熱で変形して放射性物質が
　漏れやすくなる。
●埋め戻しが不十分で地下水の通り道がで
　きる。また、酸素の供給が完全には遮ぎ
　られず、金属容器が錆びやすくなる。

たとえば、こんなことが…

地下水の変化

●流れが速くなる。
●通り道が変わる。
●水質が変わる。
●遠く離れた場所の地震や火山の活動が
　影響するおそれもある。

10万年もの遠い将来にわたる安全を保証できるのか？
専門家の間でも見解は分かれています。

＊『埋め捨てにしていいの？原発のゴミ』地層処分問題研究グループ／原子力資料情報室（2015）を元に作成

科学的特性マップは信じていいの？

2017年、処分場選定に必要な条件に基づき、「科学的特性マップ」が公表されました。火山、活断層、地下資源など**「好ましくない特性があると推定される」**地域を区分し（オレンジ、シルバー）、そうでない地域を**「好ましい特性が確認できる可能性が相対的に高い」**（グリーン）とし、後者のうち海岸に近い地域を**「輸送面でも好ましい」**（濃いグリーン）と区分して色分けしたものです。

「好ましい地域」は安全な地域？

科学的特性マップが公表された後、**「好ましい地域」において震度7の大地震が2度も発生**しています。**2018年の胆振東部地震**では大規模な斜面崩壊や液状化が発生、**2024年の能登半島地震**においては海底活断層が動いたため津波も発生、海岸線が隆起し港が使えなくなりました。マップ作成時点で確認されていない活断層はたくさんあります。「好ましい地域」イコール「安全な地域」ではありません。

「好ましくない地域」も処分場の候補に‼

オレンジやシルバーは地層処分に相対的に適さない地域です。しかし候補地から外れるということではありません。事実2024年5月1日、国は、佐賀県玄海町に文献調査の申し入れを行いました。玄海町は地下に炭田が存在するため全域がシルバーに指定されています。しかし政府は「全域で均一に鉱物資源の存在が確証されているわけではない」と釈明しています。

地層処分に適さないと自ら区分した地域に調査の申し入れをする国の姿勢を安全重視と言えますか？

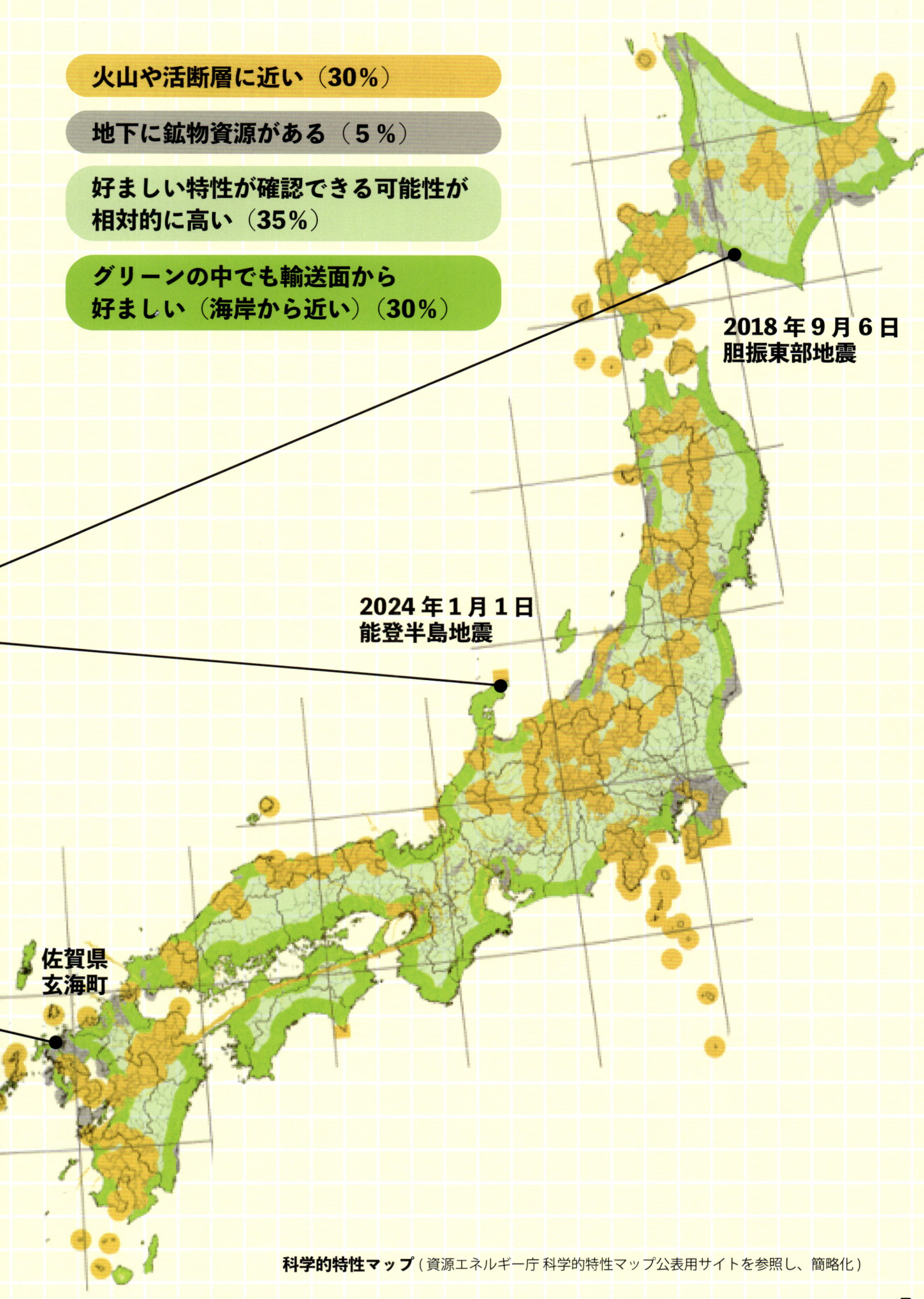

火山や活断層に近い（30％）

地下に鉱物資源がある（5％）

好ましい特性が確認できる可能性が
相対的に高い（35％）

グリーンの中でも輸送面から
好ましい（海岸から近い）（30％）

2018 年 9 月 6 日
胆振東部地震

2024 年 1 月 1 日
能登半島地震

佐賀県
玄海町

科学的特性マップ（資源エネルギー庁 科学的特性マップ公表用サイトを参照し、簡略化）

調査だけで交付金?! 最終処分

市町村の応募

国から申し入れ

市町村の受諾

文献調査

過去の地震等の履歴、活断層の位置などに関する文献を調査

国からの交付金
20億円

地層処分を行う最終処分場の建設までに、3段階の調査が実施されます。地層処分の実施主体である原子力発電環境整備機構 (NUMO) が調査選定を行います。調査受け入れ地域には、最初の文献調査で20億円、次の概要調査で70億円の交付金が与えられることになっています。

• 交付金による誘引 文献調査は机上で文献やデータを調査するのみにもかかわらず交付金が支払われます。過疎化が進み財政悪化が課題となる地方にとって交付金は魅力的に映ります。最終処分場立地の可能性を過疎に悩む地域のみに背負わせることにつながりかねません。

場選定プロセス

	4年程度		14年程度		
	概要調査		**精密調査**		**最終処分場の建設地決定**

空中や地表からの物理探査、地表からの掘削調査

地下施設を建設し、岩盤や地下水の特性に関する調査

最大 70 億円

未定

※実際の応募から文献調査報告書の完成までの期間は4年程度

- **住民合意なしに応募可能** 文献調査開始には2通りあります。首長が調査に応募するか、国からの調査申し入れを首長が受け入れるかです。問題は地域社会の合意形成をせずに首長が独断で応募することができる仕組みです。文献調査応募への意思を後から知らされた住民は不信感を抱き、地域の混乱や分断を招いてしまいます。

- **分からないことは概要調査で** 文献調査で好ましくない特性が確認されても、概要調査段階で詳しく調べればよいという姿勢で選定プロセスがすすめられています。「知事及び市町村長の意見を聴き、反対の場合には次の段階に進まない」としていますが、候補から外れるとは明言しないのです。

このようなプロセスで、住民合意にもとづいた処分場選定は可能でしょうか？

2020年11月から北海道の寿都町と神恵内村で文献調査が開始されました。寿都町では住民の意見を無視して町長が応募を強行。小さなコミュニティに分断が生まれてしまいました。これは寿都町だけでなく、どこにでも起こりうる問題です

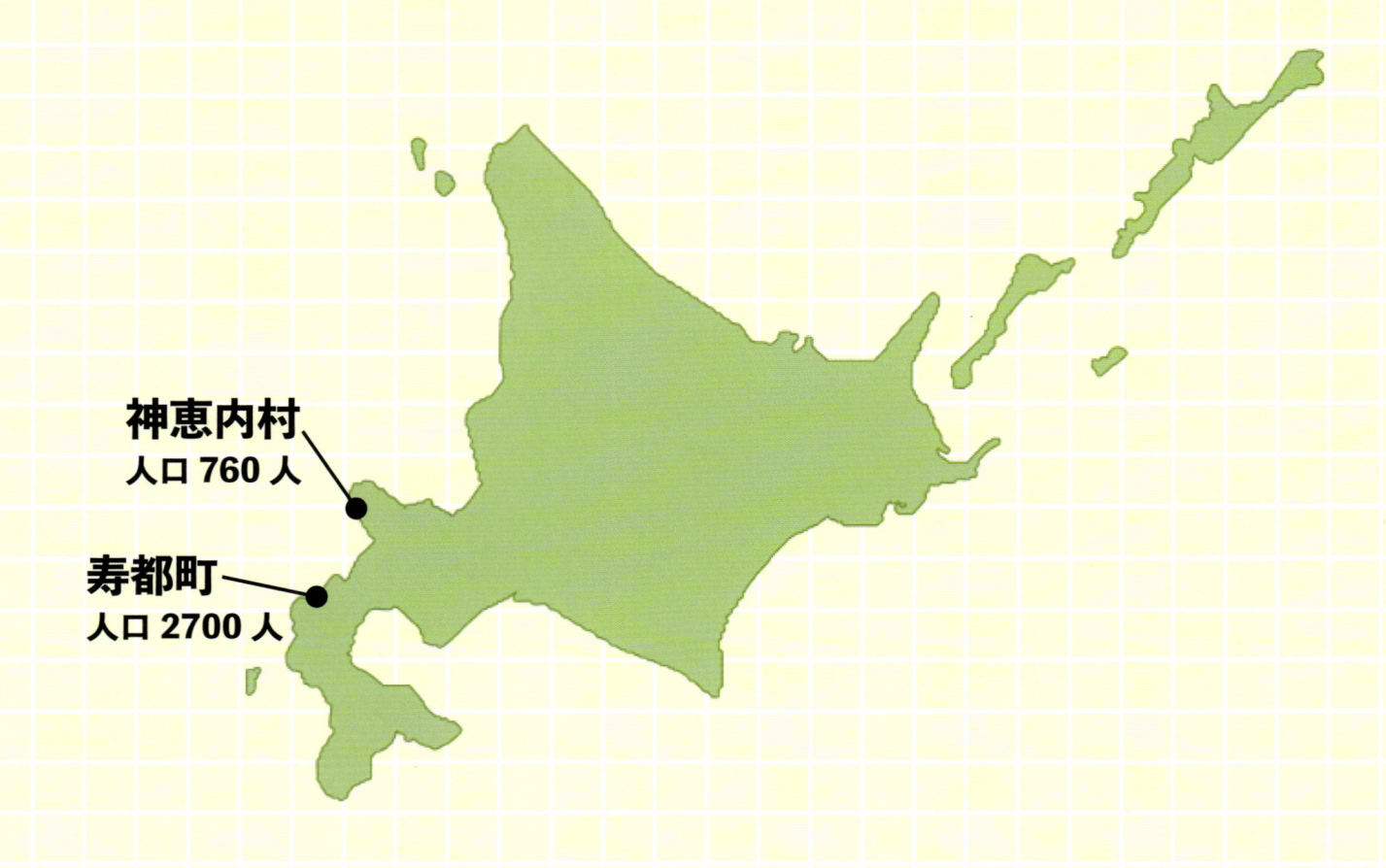

神恵内村
人口 760 人

寿都町
人口 2700 人

寿都町で起こった分断の事例

- ・文献調査の話題を避け、会話が減る
- ・調査の賛成 / 反対住民がお互いのお店に行かなくなる
- ・伝統的な地域のお祭りの際、調査反対住民が仕切る地区には町長が訪れず
- ・観光 PR のための団体が設立されても、理事がすべて調査賛成派で固められる

「元の寿都に戻りたい ...」
切実に訴える住民の声を政府は無視しています

2024 年 6 月には佐賀県玄海町でも文献調査が始まりました。
住民の意思を無視した決定に反発が広がっています。

もたらす地域の分断

日本学術会議の提言
「高レベル放射性廃棄物の処分について」
（2012年9月）

① 高レベル放射性廃棄物処分に関する政策の
抜本的見直し

② 科学・技術的能力の限界の認識と科学的自律性の確保

③ 暫定保管および総量管理を柱とした政策枠組みの再構築

④ 負担の公平性に関する説得力ある政策決定手続きの
必要性

⑤ 討論の場の設置による多段階合意形成の手続きの必要性

⑥ 問題解決には長期的な粘り強い取組みが必要であること
への認識

2012年の提言 　　2015年の提言

「原発のゴミ」問題における私たちの責任とは何でしょうか？
放射性廃棄物を出し続ける原発を止め、地域の分断を引き起
こす現在の政策を根本から変えることが、果たすべき責任で
はないでしょうか？

発行：認定特定非営利活動法人　原子力資料情報室
〒164-0011　東京都中野区中央2-48-4小倉ビル1階
TEL：03-6821-3211　FAX：03-5358-9791
URL：https://cnic.jp　E-mail：cnic@nifty.com

フリーペーパー『別冊 TWO SCENE』
カラフルで手に取りやすいビジュアル。若い方にも読んでもらえ
たらうれしいです。学習会の配布物としてもご活用ください。
HPからダウンロード、または郵送でのお届けができます。
▶▶https://cnic.jp/category/cat010/twoscene

原子力資料情報室とは

原子力資料情報室は、政府や産業界から独立した立場のNPO法人（認定NPO）
です。
原子力利用の危険性や問題点にかんする資料を集め調査研究をおこない、そ
こで得られた情報を発信し、市民による脱原発活動などに役立てていただけ
るよう提供しています。また、政策提言も積極的に発信し、国内外の政府に
働きかけています。

会員募集・ご支援のお願い

原子力資料情報室の活動はみなさまからの会費や寄付によって支えられてい
ます。原発のない社会にむけた活動の充実と継続へご支援をいただけますよ
うお願い申し上げます。会員のみなさまには『原子力資料情報室通信』やリ
ーフレットなどCNICからの情報をお届けします。
入会申し込み・会員資料請求　https://cnic.jp/support/register
ご寄付　https://cnic.jp/support/donation

YouTube・SNSでも 情報発信中です

YouTubeでは開催済みのオンライン
講座（ウェビナー）などの動画をいつ
でも視聴できます。ぜひチャンネル登
録をお願いいたします。Facebook、
X（旧Twitter）では最新のニュースや
情報をお伝えしています。

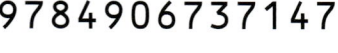
9784906737147

1920036003006

ISBN 978-4-906737-14-7
C0036　¥300
定価 300 円＋税
原子力資料情報室